AF400619

Weniger Plastik, mehr Leben!

Mit Zero Waste in ein nachhaltiges, plastikfreies und zufriedenes Leben

inkl. genialer Praxistipps für weniger Plastikmüll im Alltag

Felia Blumenberg

Alle Ratschläge in diesem Buch wurden sorgfältig erwogen und geprüft. Eine Garantie kann dennoch nicht übernommen werden. Eine Haftung für jegliche Personen-, Sach- und Vermögensschäden ist daher ausgeschlossen. Die Benutzung dieses Buches und die Umsetzung der darin enthaltenen Informationen erfolgt ausdrücklich auf eigenes Risiko.

Alle Rechte, insbesondere das Recht der Vervielfältigung und Verbreitung der Übersetzung, vorbehalten. Kein Teil des Werkes darf in irgendeiner Form (durch Fotokopie, Mikrofilm oder ein anderes Verfahren) ohne schriftliche Genehmigung reproduziert oder unter Verwendung elektronischer Systeme gespeichert, verarbeitet, vervielfältigt oder verbreitet werden.

INHALT

Das erwartet Sie in diesem Buch

Die Plastikflut in Ihrer gelben Tonne stört Sie? Plastik im Wald, in Flüssen, in unseren Ozeanen – Sie können es nicht mehr sehen? Und auch Plastik im Kinderzimmer, Plastik im Haushalt, Plastik an unserem Körper, egal, wo Sie hinschauen, Sie sehen nur noch Plastik, Plastik, Plastik und Sie möchten etwas ändern? Aber eigentlich wissen Sie gar nicht so recht, wo Sie anfangen sollen? Dann wird Ihnen dieses Buch sicherlich helfen. Dieses Buch setzt der Plastikflut in Ihrem Leben ein

Ende. Einfach und praktisch mit Beispielen erklärt, gibt Ihnen dieser Ratgeber nicht nur Tipps, wie Sie konkret plastikfrei leben können, sondern er gibt Ihnen auch einen Überblick und wichtige Hintergrundinformationen, um die Plastikproblematik zu verstehen und einordnen zu können.

Das Buch teilt sich in zwei Abschnitte auf. Im ersten Teil dieses Buches bekommen Sie einen theoretischen Überblick zu Plastik und Mikroplastik, der Problematik, den Auswirkungen auf unsere Natur, auf unsere Umwelt und auf unsere Gesundheit und warum Recycling gar nicht so gut ist, wie immer gedacht. Der zweite Teil in diesem Buch ist praxisorientiert. Hier können Sie mit der plastikfreieren Gestaltung in Ihrem Alltag direkt loslegen. Zunächst gibt es ein vier Schritte Umsetzungsplan, wie Sie konkret vorgehen können. Mit diesem Schema können Sie dann in jedem der aufgezeigten Bereiche in Ihrem Alltag starten. Die einzelnen Kapitel zeigen Ihnen auf, wo sich jeweils Plastik versteckt und wie und durch welche Alternativen Sie Dinge ersetzen können.

Nachdem Sie dieses Buch gelesen haben, werden Sie nicht nur viele Zusammenhänge besser verstehen können, sondern plastikfreier im Alltag unterwegs sein. Mit kleinen Schritten werden Sie merken, dass plastikfrei eigentlich gar nicht so schwer ist, wie oft gedacht und dass es eigentlich sogar sehr viel Spaß macht. Einmal angefangen, werden Sie sehen, was alles ins Rollen kommt und dass es mit jeder kleinen Veränderung immer leichter wird! Mit diesem Buch an Ihrer Seite wünsche ich Ihnen viel Freude auf Ihrem Weg in ein plastikfreieres Leben!

Ein Überblick zum Thema Plastik

Der erste Teil in diesem Buch soll Ihnen einen Überblick über das Thema Plastik verschaffen. Es wird zunächst die Problematik von Plastik veranschaulicht und Sie werden verstehen, was die Herstellung, Verwendung und Entsorgung von Plastik für Auswirkungen hat. Dazu wird in einem separaten Kapitel auf Mikroplastik eingegangen, damit Sie nachvollziehen können, was Mikroplastik eigentlich ist und welche Gefahr es für die Umwelt und letztlich auch für uns Menschen darstellt. Dem Thema Gesundheit ist ebenfalls ein eigenes Kapitel gewidmet. In diesem Teil des Buches erfahren Sie ebenfalls, warum Recycling nicht die beste aller Lösungen ist und dass es durchaus auch Grenzen bei der plastikfreien Gestaltung des Alltags gibt. Dieser erste Teil verschafft Ihnen ein gutes Hintergrundwissen und wird Ihnen nochmals verdeutlichen, warum es sich lohnt, auf Plastik zu verzichten.

DAS PROBLEM PLASTIK

Plastik ist heutzutage nicht mehr wegzudenken und in unserem Alltag allgegenwärtig, ohne dass wir es noch bewusst wahrnehmen. Plastik wird für alles Mögliche verwendet, es ist praktisch und günstig. Seit dem Jahr 2000 wurde die Hälfte des jemals hergestellten Plastiks produziert, Tendenz steigend. In den 50igern wurde Kunststoff noch so sorgsam und gewissenhaft benutzt wie Seide oder Glas. Dann entdeckten die großen Konzerne für Konsumgüter schließlich Plastik als Material für ihre Produkte und wie praktisch es ist. Es lässt sich günstig herstellen, hat ein leichtes Gewicht und ist sehr langlebig. Der

Plastikwahnsinn nahm seinen Lauf und seitdem wird unentwegt Wegwerfmüll produziert. Das Image von Plastik war lange schick. Es galt als modern, elegant und sauber. Doch das Image bröckelt. Plastik ist Teil der immer mehr in Frage gestellten Wegwerfmentalität. Es ist Müll, der oft nicht recycelt wird, zu lange braucht, bis er sich zersetzt, auf unfassbar riesigen Mülldeponien oder noch schlimmer in unseren Weltmeeren landet. Was lange nicht beachtet oder hinterfragt wurde, ist der gesamte Lebenszyklus von Plastik. Von der Herstellung über die Benutzung bis zur Entsorgung steht Plastik für Verschwendung von Ressourcen und Energie und für Risiko und Schaden für die Umwelt und unsere Gesundheit. Wir Menschen und unsere Natur stecken mitten in einer Plastikkrise.

Für die Herstellung von Kunststoffen werden Öl und Gas benötigt. Dabei, aber auch später beim Produzieren oder dann auch wieder beim Entsorgen des Kunststoffabfalls, bilden sich nicht nur giftige und umweltschädliche Stoffe, sondern auch Treibhausgase. Hinzu kommt, dass Plastik nicht biologisch abbaubar ist. Wenn man bedenkt, dass jährlich fast 300 Millionen Tonnen an Kunststoffen produziert werden, ist das eine Katastrophe. Landet der Plastikmüll in unserer Umwelt, liegt er dort hunderte von Jahren. Die schädlichen Substanzen werden so nach und nach in unsere Natur abgeben. Schafft der Plastikmüll es in den Wasserkreislauf, ist es oft schwer, ihn wieder rauszubekommen. Über Flüsse gelangt das Plastik in unsere Seen, in die Meere und die Ozeane. Ob die Ökosysteme im Wasser oder auf dem Land, alle leiden und der Zustand wird immer schlechter. Unsere Tiere, unsere Gewässer, unsere Böden und unsere Pflanzen – die Natur und unsere Umwelt sind die Leidtragenden.

Laut Schätzungen befinden sich mittlerweile über 80 Millionen Tonnen Plastik in unseren Meeren. Nur ein Bruchteil davon schwimmt an der Oberfläche, sinnbildlich also nur die Spitze des Eisberges. Unsere Weltmeere sind inzwischen zu einer unsichtbaren Mülldeponie von unserem produzierten Plastikabfall geworden. Pro Minute landet eine ganze Tonne Plastik in unseren Ozeanen. Es gibt inzwischen Plastikstrudel in unseren Weltmeeren, in die Deutschland fast vier Mal reinpassen würde, so groß sind diese. Eine Windel und eine Plastikflasche brauchen fast 450 Jahre, ein Styroporbecher 50 Jahre und eine Angelschnur 600 Jahre, bis sie sich im Wasser zersetzen. Und dann hat es sich auch erst einmal nur zu Mikroplastik zersetzt.

Am Umgang mit Plastik oder Kunststoff im Allgemeinen als Material zeigt sich, wie schlecht unser Umgang mit Ressourcen ist. Dieses Problem betrifft nicht nur Plastik, sondern auch andere Rohstoffe wie Erdöl, Holz oder Aluminium. Plastik ist nur ein Beispiel von vielen, wie wir Ressourcen und Reserven, die uns die Welt zur Verfügung stellt, benutzen. Dadurch, dass wir mehr nehmen, als wir bräuchten und dies dann auch noch auf extrem umweltschädliche Weise, tragen wir auch entscheidend dazu bei, wie die Zukunft der nächsten Generationen aussieht.

DIE SACHE MIT DEM MIKROPLASTIK

Mikroplastik sind winzige Plastikteilchen, die nicht größer als fünf Millimeter sind. Teilweise sind sie so klein, dass sie mit unserem bloßen Auge gar nicht zu erkennen sind. Diese scheinbar unsichtbaren Plastikteilchen machen sogar den größten Teil an Mikroplastik aus. Sie verstecken sich in Kosmetika, in

Textilien oder entstehen beispielsweise durch den Abrieb von Autoreifen. In Gesichtspeelings helfen sie alte Hautzellen zu entfernen, für Cremes und Make-Up dient Mikroplastik als Bindemittel und für die Zahnpasta als Putzkörper. Beim Waschen von Fleecekleidung lösen sich bis zu 250.000 kleinste Synthetikfasern.

Der Autoreifenabrieb macht laut Schätzungen rund ein Drittel der deutschlandweiten Mikroplastik-Emissionen aus. Selbst unsere Schuhsohlen sind zum Teil Verursacher solcher Kleinstpartikel. Fünf Millimeter, das klingt zunächst nicht besonders groß. Für die Umwelt ist es allerdings ein riesiges Problem. Die kleinen Plastikteilchen finden ihren Weg durch tägliches Duschen, Abschminken und Wäsche waschen in unser Abwasser und somit in unsere Umwelt. Denn Kläranlagen können aufgrund der so kleinen Größe des Mikroplastiks dieses nicht filtern. Der Abrieb von Autoreifen und Schuhsohlen findet durch Regen in unsere Gewässer. Die Folge: Mikroplastik in unseren Seen, Flüssen und in unseren Meeren. Und das, laut Studien des Frauenhofer-Instituts für Umwelt-, Sicherheits- und Energietechnik, pro Jahr über 330.000 Tonnen nur in

Deutschland. Meeresbewohner wie Muscheln, Fische und andere Meereskleinstlebewesen können Mikroplastik nicht von Plankton unterscheiden. Dadurch sammelt es sich in ihren Körpern an. Essen wir nun solch einen Fisch, nehmen wir das Plastik schließlich wieder in unserem Körper auf, welches durch uns ihren Weg in die Natur überhaupt erst gefunden hat. Das Gleiche passiert mit dem Regenwurm, dem Suppenhuhn, das den Regenwurm isst, und wieder mit uns selbst, bei denen das Huhn auf dem Teller landet. Ein Kreislauf, der am Ende allen schadet: Der Natur, den Tieren und uns Menschen.

Man kann noch nicht genau sagen, wie sich Mikroplastik auf den menschlichen Körper und seine Gesundheit auswirkt. Fakt ist jedoch, dass weitere und vor allem gesundheitsbedenkliche und -schädliche Schadstoffe von Mikroplastik angezogen werden. Diese finden nun folglich auch durch den oben genannten Kreislauf ihren Weg in die Nahrungskette von Tier und Mensch. Stiftung Warentest konnte in einigen Mineralwassern Mikroplastik nachweisen und selbst im Leitungswasser sind die winzigen Plastikteilchen auffindbar. Auch wenn die Wissenschaft noch nicht konkret sagen kann, was

Mikroplastik mit unserem Körper macht, weiß sie, dass wir, wie eine Studie der Heriot Watt Universität zeigt, mit jeder Mahlzeit, die wir zu uns nehmen, Mikroplastik in unseren Körper gelangt.

WARUM RECYCLING NICHT DIE LÖSUNG IST

Müll trennen ist gut und wichtig. Aber leider reicht das nicht und löst auch nicht das Plastikproblem. Denn erstens werden für die Herstellung große Mengen an Ressourcen verbraucht und zweitens funktioniert das Recyclingsystem nicht so, wie wir es uns in der Regel vorstellen. Nach der Deutschen Gesellschaft für Abfallwirtschaft liegt die Recyclingquote in Deutschland bei gerade mal knapp 40 Prozent. Das bedeutet, die restlichen 60 Prozent werden verbrannt. Die Grünen kommen sogar zu dem Ergebnis, dass lediglich 17,3 Prozent unseres Plastikmülls tatsächlich recycelt und somit wiederverwendet werden.

Das Problem beim Plastikrecycling ist, dass Plastik nicht in seiner ursprünglichen Form zurückgewonnen werden kann. Bedeutet, ein Joghurtbecher wird wieder zum Joghurtbecher.

In der Theorie ist es eine schöne Vorstellung, in der Praxis leider nicht umsetzbar. Denn ein Joghurtbecher ist beispielsweise in seiner chemischen Zusammensetzung so unrein, dass er aus den alten Joghurtbechern technisch nicht wieder zusammengesetzt werden kann. Was passiert also? Aus dem ursprünglich höherwertigem Plastik wird beim Prozess des Recyclings zwar ein neues Material hergestellt, dieses hat aber eine geringere Qualität und Funktionalität. Downcycling und nicht Recycling ist die Folge. Unsere Einwegflaschen aus PET werden beispielsweise nur sehr selten zu neuen Einwegplastikflaschen. Ob Gelber Sack oder Gelbe Tonne – unser System in Deutschland wandelt hochwertige Wertstoffe aus Plastik in Rohstoffe um, die anschließend einen niederen Wert haben. Ein Verschlechterungssystem, wenn der Plastikmüll denn überhaupt in den Recyclingprozess kommt.

Wird der Plastikmüll nicht wiederverwertet, wird er verbrannt oder, wie auch sonstiger Abfall, der in Deutschland anfällt, ins Ausland exportiert. Neue Kunststoffe sind günstig und Plastikmüll zu sortieren und aufzubereiten ist kostenaufwendig.

Die Verschiffung des Plastikmülls ins Ausland ist einfacher und preiswerter. Deutschland gehört zu den größten Müllexporteuren der Welt. Oft sind es Entwicklungsländer, die gegen Geld unseren Müll annehmen und meist über kein Abfall- und Recyclingsystem und eine nötige Infrastruktur verfügen. Wir tragen mit unserem Müll dazu bei, dass sich das Müllproblem in diesen Ländern noch verschärft. Müll wird in Meeren entsorgt oder auf großen Mülldeponien verbrannt. Nicht selten stehen dort Kinder und Jugendliche und gefährden ihre Gesundheit, um am Ende an etwas verwertbares Edelmetall aus ausgedienten europäischen Elektrogräten zu gelangen. Müll sortieren mit der Illusion des Recycelns kann folglich keine Lösung sein. Es muss weniger Plastik produziert und womöglich vermieden werden.

PLASTIK – EIN RISIKO FÜR DIE GESUNDHEIT

Dass Plastik ein Risiko für unsere Gesundheit darstellt, ist im ersten Moment nicht so direkt ersichtlich. Doch es lohnt sich, genauer hinzuschauen, warum Plastik, überspitzt gesagt, eine unsichtbare Gefahr darstellen kann. Kunststoffe beinhalten sehr oft chemische Zusatzstoffe, die gesundheitsschädlich sind. Weichmacher verwandeln hartes PVC zum Beispiel zu Schwimmbällen. Andere schädliche Zusatzstoffe finden sich auf der Imprägnierung von Outdoor-Kleidung oder aber auch als Mittel zum Feuerschutz bei Elektrogeräten oder Möbeln.

Produkte aus Plastik beinhalten in der Regel sieben Prozent von diesen Schadstoffen, welche nicht fest im Plastik gebunden sind. Sie können sich vom Produkt lösen und entweichen und reichern sich mit der Zeit im Hausstaub und der Raumluft an. Mit Plastikprodukten sorgen wir also dafür, dass die Schadstoffe beispielsweise in unsere Schlaf- und Kinderzimmer entweichen und wir diese über die Luft einatmen und schließlich in unseren Körpern anreichern. Gerade Kinder, wie Untersuchungen in Deutschland immer wieder gezeigt haben, sind zum

Teil sehr stark mit Weichmachern, die fortpflanzungsschädlich sein können, belastet. Das sind besorgniserregende Ergebnisse, denn es gibt hormonell wirksame Substanzen, die den Hormonen von unserem Körper sehr stark ähneln und den Hormonhaushalt im Körper aus dem Gleichgewicht bringen können. Durch den alltäglichen Kontakt mit Kunststoffen, die hormonell wirksame Substanzen, Chemikalien oder Weichmacher beinhalten, besteht also auch ein nicht zu unterschätzendes Risiko für unsere Gesundheit. Mit den schädlichen Zusatzstoffen werden inzwischen auch eine Vielzahl an Krankheiten und Störungsbildern, wie zum Beispiel Fettleibigkeit, Unfruchtbarkeit, Schilddrüsenerkrankungen oder eine verfrühte Pubertät, um nur einige Beispiel zu nennen, in Verbindung gebracht. Das sind Erkrankungen, die unter Umständen langwierige und gravierende Folgen haben können.

Für den Verbraucher ist oft sehr schwer rauszufinden, ob das Produkt nun schädlich ist oder nicht. Denn erstens sieht man nicht immer, ob Plastik oder Kunststoffe enthalten sind und zweitens ist es mit den ganzen Abkürzungen auf der Rückseite oft gar nicht so leicht zu erkennen. Am besten ist es natürlich, wenn man auf Plastikprodukte ganz verzichtet, auf Naturprodukte und biologische Alternativen setzt und so dann auf Nummer sicher ist. Wenn es mal nicht geht und Sie unsicher sind, gibt es mittlerweile Apps, wie zum Beispiel die App ToxFox vom BUND, mit der Sie die Produkte scannen und so direkt sehen können, ob Weichmacher, Mikroplastik oder andere schädliche Zusatzstoffe vorhanden sind.

AUSNAHMEN UND GRENZEN

Das Beste wäre es natürlich, immer und überall Plastik zu vermeiden. Aber ein zu 100 Prozent plastikfreies Leben führt wohl kaum jemand. Es gibt Situationen, die es uns schwer machen, auf Plastik zu verzichten. Wir sind beispielsweise krank und brauchen ein bestimmtes Medikament, das in Plastik verpackt ist. Dann müssen wir eine Ausnahme machen, weil wir darauf angewiesen sind und können es erst mal nicht ändern. Oder Sie kaufen ein neues Produkt, das einen gewissen Plastikanteil hat, können dadurch aber eine größere Plastikmenge einsparen, weil Sie es zum Beispiel immer wieder verwenden können oder es langlebiger ist.

Die Grenze zu ziehen ist schwierig. Wo fange ich an und wo höre ich auf. Gehören auch Müll und Verpackungen des Lieblingsrestaurants oder des Lebensmittelhändlers, wo ich immer einkaufen gehe, dazu? Wie tolerant bin ich bei Firmen, die noch nicht zu 100 Prozent auf Nachhaltigkeit gesetzt haben, aber bereits auf dem Weg dorthin sind? Die Grenzen verschwimmen und wir können nicht von Anfang an überall alles richtig machen. Und das müssen wir auch nicht. Wir können mit kleineren Schritten zu einer saubereren und grüneren Umwelt beitragen. Unsere Grenzen werden sich vielleicht verändern, wir merken, dass wir manches gar nicht mehr brauchen und regen durch unser bewussteres Leben und Konsumieren Firmen, Unternehmen und unsere Mitmenschen ganz von alleine an.

Konkrete Umsetzungstipps

In diesem Teil, dem zweiten Teil des Buches, geht es darum, wie Sie einen plastikfreien oder plastikfreieren Alltag konkret umsetzen können. Zunächst werden die fünf Rs „Rethink, Reduce, Reuse, Repair und Recycle" vorgestellt, die die Grundpfeiler eines nachhaltigen Lebens und Umgang mit Dingen darstellen. Diese werden Ihnen im Alltag helfen und irgendwann haben Sie die fünf Rs ganz automatisch im Kopf. Da der Anfang oft schwer ist und man leicht den Überblick verlieren kann, wird Ihnen im Kapitel „Anfangen" anhand von vier Schritten gezeigt, wie Sie konkret starten können. Mit diesen vier Schritten als Anleitung können Sie das Thema Plastikfrei in Angriff nehmen und umsetzen. In einzelnen Kapiteln werden verschiedene Bereiche wie Badezimmer, Küche und Haushalt, Einkaufen, Unterwegs sein, Kleidung und Textilien, Geschenke und Feste sowie Plastikfrei mit Kindern vorgestellt. Sie werden darauf aufmerksam gemacht, wo sich überall Plastik versteckt und bekommen dann konkrete Tipps, wie sich Sachen direkt umsetzen lassen und Sie Gewohnheiten ändern können.

DIE FÜNF RS

Wer sich mit Zero Waste beschäftigt, wird immer über die drei R-Wörter „Reduce, Reuse, Recycle" stolpern. Es sind die Grundsteine für ein nachhaltigeres Leben. Da diese doch recht allgemein sind, wurden sie inzwischen von vielen Menschen und Organisationen durch weitere Rs erweitert. In diesem Buch werden die fünf Rs „Rethink, Reduce, Reuse, Repair und Recycle" vorgestellt, die für den Start in einen plastikfreieren Alltag am hilfreichsten sind.

Diese im Kopf zu haben, hilft beim Entscheiden, Handeln und Umsetzen. Gerne können Sie sich die fünf Rs auch auf ein Plakat aufschreiben und in Ihre Wohnung hängen. So haben Sie auch immer bildlich etwas vor Augen.

Was sind also nun genau diese fünf Rs und wie funktionieren sie?

1. Rethink
Der erste Schritt für eine Veränderung fängt im Kopf an. Dadurch, dass wir uns mit etwas beschäftigen, bekommen wir einen neuen Blick und manchmal auch eine neue Sichtweise auf Dinge und Probleme. Das verändert Gedanken, Prozesse und Verhaltensweisen in uns. Die Einstellung ändert sich und wir bekommen vielleicht das Gefühl, etwas ändern zu müssen. Indem Sie sich im Kopf mit etwas beschäftigen, kommen Sie schließlich auch zum Handeln.

2. Reduce
Wir haben alle so viele Dinge zu Hause, die wir eigentlich gar nicht brauchen. Fehlkäufe, Geschenke, die uns nicht gefallen, oder Sachen, die für uns nutzlos geworden sind, sammeln sich an und werden

aber nicht mehr benutzt. Für all das wurden Ressourcen und Energie gebraucht. Indem Sie sich von diesen Dingen trennen, bringen Sie sie auch wieder in Umlauf. Vielleicht braucht Ihr Nachbar genau diese Schüssel, die Ihnen noch nie gefallen hat. Oder Ihre Freundin trägt das Kleid, das bei Ihnen seit zwei Jahren unbenutzt im Schrank hängt. Dadurch, dass all dies nicht neu produziert werden muss, werden Ressourcen gespart. Weniger ist eigentlich am Ende immer mehr. Wer weniger besitzt, überlegt sich bei einem Neukauf viel eher, ob es benötigt wird und geht sorgsamer mit dem um, was er hat. Das Verhältnis und die Einstellung zu den Dingen, die wir haben, verändern sich.

3. Reuse

Hier heißt es wiederverwenden, statt einfach nur wegzuwerfen! Über Einwegprodukte freut sich eigentlich nur die Industrie, denn die verdient daran. Ob der Stoffbeutel, der immer wieder zum Einkaufen verwendet wird, der Thermosbecher statt dem Einwegbecher oder die aus altem Geschenkpapier eingebundenen Schulbücher der Kinder – über den Punkt wiederverwenden werden Sie immer wieder in diesem Buch stolpern. Denn am Ende sind es immer die wiederverwendbaren Dinge, die den Alltag plastikfrei und nachhaltiger machen.

4. Repair

Vieles landet heute einfach im Müll. Vieles ist so produziert, dass es schnell kaputt geht und vieles wird gar nicht erst repariert, weil es am Ende noch günstiger ist, es neu zu kaufen. Dabei ist das Reparieren von Sachen das Nachhaltigste, was es gibt. Nämlich Dingen ein zweites Leben zu schenken und wieder zu benutzen. Oft haben wir es verlernt oder gar nicht erst gelernt, Sachen zu flicken oder zu reparieren. Dabei ist es gar nicht so schwer. Vieles kann man sich selbst beibringen, das Internet und YouTube bietet mittlerweile zu allem Hilfestellungen und wer gar nicht mehr weiter weiß, findet Unterstützung in einem Repair Café. Wenn Sie anfangen, sich um Ihre Sachen zu kümmern und diese zu reparieren, werden Sie bei einem Neukauf das nächste Mal darauf achten, ob es auch wirklich aus langlebigen Materialien hergestellt ist. Ihr Bewusstsein wird größer und aufmerksamer, ob die Neuanschaffung etwas ist, was Ihnen lange hält oder doch schnell im Mülleimer landen wird.

5. Recycle

Natürlich kann man vieles reduzieren, ablehnen oder wiederverwenden, aber Müll fällt in der Regel doch irgendwann an. Wichtig ist dann, dass dieser Müll es dann zumindest in den Recyclingkreislauf schafft. Über die Problematik des Recycelns wurde ja bereits im ersten Teil dieses Buches gesprochen, dennoch spart es am Ende Ressourcen, wenn zumindest ein Teil recycelt werden kann. Informieren Sie sich, wie Ihre Gemeinde oder die Stadt den Müll entsorgt und wie dieser getrennt werden muss. Wenn Sie sich nicht sicher sind, werfen Sie es nicht einfach in die Restmülltonne, sondern fragen Sie nach. Vieles kann auf Wertstoff- und Recyclinghöfen abgegeben werden.

Diese fünf Rs im Hinterkopf zu haben, wird Ihnen bei Ihrem plastikfreien Alltag helfen. Denn wenn Sie plastikfreier leben, werden Sie schnell merken, dass Sie auch in anderen Bereichen auf Verpackung und Müll verzichten werden beziehungsweise bestimmte Dinge gar nicht mehr brauchen oder ersetzen.

Natürlich gibt es noch weitere Rs. Die fünf ausgewählten geben eine Hilfestellung für den Start in den plastikfreien Alltag. Nach einiger Zeit merken Sie vielleicht, dass Ihnen etwas fehlt, dass Sie etwas ergänzen möchten. Machen Sie das! Ändern oder ergänzen Sie die Liste mit eigenen Aspekten und Ideen. Jeder Mensch, jeder Alltag, jedes Leben ist anders. Passen Sie es so für sich an, wie Sie es brauchen!

ANFANGEN

Wer ganz am Anfang von einem plastikfreien oder plastikfreieren Alltag steht, ist schnell erschlagen. Das Sprichwort „Vor lauter Wald die Bäume nicht mehr sehen" trifft es an dieser Stelle sehr gut. Denn befassen wir uns einmal so richtig mit dem Thema Plastik und gehen aufmerksam durch unsere Wohnung, dann stellen wir schnell fest, wie stark und wie viel Plastik eigentlich in unserem Alltag verankert ist. Vieles benutzen und konsumieren wir beiläufig, ohne dass wir darüber nachdenken. Das ist auch völlig in Ordnung. Wichtig ist, dies zu erkennen und Schritt für Schritt ins Umdenken und Ändern zu kommen. Den ersten und wichtigsten Schritt haben Sie bereits getan: Sie lesen dieses Buch. Das heißt, Sie befassen sich mit der Problematik und möchten etwas ändern. Das ist ganz wunderbar. Sie sind schon auf dem richtigen Weg. Machen Sie sich bewusst, dass Sie nicht alles auf einmal verändern müssen und auch nicht können. Und vor allem: Setzen Sie sich nicht unter Druck und überfordern Sie sich nicht! Manche Dinge können Sie vielleicht nicht ändern oder wollen es auch nicht. Das ist in Ordnung. In diesem Buch wird deshalb auch oft von einem plastikfreieren und nicht plastikfreiem Alltag gesprochen, denn wie Sie in dem Kapitel „Ausnahmen und Grenzen" schon gelesen haben, gibt es Dinge in unserem Alltag, wo es manchmal nicht möglich ist, auf Plastik zu verzichten. Der plastikfreie Alltag soll Spaß machen und nicht zu Frustration führen. Wenn Sie Schritt für Schritt mit der Umstellung anfangen, werden Sie merken, dass es immer einfacher wird und was für eine Freude Sie an Ihrem plastikfreien Alltag haben werden.

Wie also anfangen? Starten Sie erst einmal mit einem Bereich in Ihrem Alltag. Das ist erst mal genug. Als Einstieg eignet sich zum Beispiel das Badezimmer sehr gut. Sie können aber natürlich auch mit einem anderen Bereich in Ihrem Alltag anfangen. Mit den unten aufgezeigten vier Schritten können Sie strukturiert und gezielt an das plastikfreie Leben rangehen. Der Ablauf ist immer der Gleiche. Als Beispiel dient das Badezimmer. Die vier Schritte können aber natürlich auf alle anderen Bereiche übertragen werden.

1. Verschaffen Sie sich einen Überblick

Schauen Sie sich das Badezimmer in Ruhe an und verschaffen Sie sich einen Überblick, was davon alles aus Plastik besteht. Oftmals müssen wir uns das alles erst einmal bewusst machen. Manchmal hilft es auch, sich alle Produkte und Dinge auf einem Haufen zu veranschaulichen.

2. Was davon brauche ich noch?

Schauen Sie sich Ihre Sachen genau an. Benutzen Sie wirklich alles davon, was vor Ihnen auf dem Haufen liegt? Wenn es Dinge gibt, die Sie aussortieren können oder nicht mehr brauchen, können Sie diese weiterverkaufen oder verschenken. In der Mülltonne landen nur Dinge, die wirklich nicht mehr brauchbar oder kaputt sind.

3. Aufbrauchen und zu Ende benutzen

Die Zahnpasta oder das Duschgel ist noch halb voll? Dann brauchen Sie es auch bis zum Ende auf. Es macht keinen Sinn, alle Produkte wegzuwerfen und gegen neue, plastikfreie auszutauschen. Alte Ressourcen immer aufbrauchen.

4. Ersetzen durch plastikfreie Alternativen

Ist etwas kaputt, aufgebraucht oder kann direkt ausgetauscht werden, können Sie es durch eine plastikfreie Alternative ersetzen. Vielleicht haben Sie direkt eine Zahnbürste aus Bambus, aber das Duschgel in der Plastikflasche hält noch ein paar Wochen. Dann ist das völlig in Ordnung. Sehen Sie alles immer Schritt für Schritt.

Ob im Badezimmer, in der Küche oder in anderen Bereichen Ihres Alltags, Sie werden sehen, dass sich vieles Stück für Stück verändert. Haben Sie einen Bereich abgeschlossen oder so gut wie durch plastikfreie Alternativen ersetzt, können Sie sich einen neuen Bereich aussuchen, den sie plastikfrei oder plastikfreier gestalten wollen. Dieses schrittweise Vorgehen macht es einfach und lässt sich gut zu Ihrem normalen Alltag, der Arbeit, dem Haushalt oder der Familie integrieren. Und wenn doch mal etwas aus Plastik zuhause landet? Dann ist das kein Weltuntergang. Machen Sie sich immer wieder bewusst, was Sie bereits schon alles geschafft haben. Sie können stolz auf sich sein!

VOR DEM EINKAUF

Nachdem Sie sich bewusst gemacht haben, was in Ihrer Wohnung alles aus Plastik besteht, kommt es oft
schnell zum dem Eindruck, sehr vieles neu kaufen zu
müssen. Bei der ein oder anderen Sache ist dies auch
sicher so. Aber nicht alles muss neu beziehungsweise überhaupt angeschafft werden. Müllvermeidung fängt jedoch schon vor dem Einkauf an, nämlich in Ihrem Kopf. Oft brauchen wir gar nicht alles
oder es gibt deutlich bessere und umweltfreundlichere Alternativen, wir machen uns vorher oft nur
nicht so viele Gedanken darüber. Es lohnt sich vor
dem Einkauf also etwas Zeit für ein paar Fragen zu
nehmen, um eine bewusstere Kaufentscheidung
treffen zu können. Dafür können Sie folgende Checkliste mit Fragen durchgehen, die Ihnen helfen soll:

1. Brauchen Sie das neue Produkt?
2. Wie oft werden Sie es wirklich benutzen?
3. Wie langlebig ist das neue Produkt?

4. Haben Sie schon etwas Ähnliches zuhause?

5. Gibt es die Möglichkeit, so etwas auch auszuleihen?

6. Was passiert mit dem Produkt, wenn Sie es nicht mehr benötigen?

7. Wer produziert das Produkt und wohin wird Ihr Geld fließen?

8. Gibt es Alternativen, die qualitativ hochwertiger sind, umweltfreundlicher und fairer produziert wurden?

9. Können Sie das Produkt auch gebraucht kaufen?

10. Wollen Sie das neue Produkt wirklich?

Die Fragen sind selbstverständlicherweise Richtlinien und sollen eine Orientierung und Hilfestellung geben. Wenn Sie zum Beispiel eine Seife kaufen möchten, entfällt natürlich die Frage, ob Sie diese auch gebraucht kaufen können. Es geht vielmehr darum, sich bei neuen Anschaffungen dafür zu sensibilisieren, was für Auswirkungen diese für die Umwelt, aber auch für die Menschen, die diese produzieren, haben und warum Sie das Produkt jetzt kaufen möchten. Allzu oft legen wir uns unüberlegt neue Dinge zu, die wir, wenn wir genauer darüber nachdenken würden, gar nicht bräuchten. Gerade wenn Sie unsicher sind oder eine größere Neuanschaffung bevorsteht, gehen Sie die Fragen für sich in Ruhe durch. Oft hilft es auch, wenn Sie noch einmal ein oder zwei Nächte darüber schlafen. So können Sie wirklich bewusst abwägen und am Ende ein Produkt kaufen, das Sie wirklich brauchen, mögen und mit gutem Gewissen für die Umwelt kaufen können.

IM BADEZIMMER

In unseren Badezimmern tummeln sich meistens besonders viele Einwegprodukte und Plastikverpackungen. Die Umstellung ist hier aber glücklicherweise sehr einfach und es ist besonders leicht, Plastik zu vermeiden. Brauchen Sie Ihre alten Produkte in Ruhe auf. Was dann leer ist, können Sie Stück für Stück mit einer plastikfreien Alternative ersetzen. So müssen Sie nicht von Anfang an direkt das ganze Bad in Angriff nehmen, sondern können sich in kleinen Schritten mit einzelnen Bereichen auseinandersetzen. Haben Sie das meiste gegen Plastikfreies ersetzt, merken Sie schnell, wie Sie täglich Müll sparen,

vieles länger hält und einiges sogar kostengünstiger
ist.

Zähne putzen

Sagen Sie Ihrer Plastikzahnbürste „Auf Wiederse-
hen"! Mittlerweile gibt es die Bambusalternative
nicht mehr nur in Unverpacktläden, sondern auch in
den meisten großen Drogeriemärkten. Auch für
Zahnseide gibt es natürliche Alternativen – ganz
ohne Plastikbox. Die Umstellung von Zahnpasta auf
Zahnputztabletten ist für manche anfangs etwas ge-
wöhnungsbedürftig. Aber auch das ändert sich
schnell. In Zero Waste Läden können die Zahnputztabletten einzeln gekauft werden, in Drogeriemärkten sind sie in der Regel in Papiertütchen verpackt.
Wer möchte, kann seine Zahncreme auch selber herstellen und kommt mit wenigen Zutaten ganz ohne
Verpackungen aus.

Shampoo und Duschgel

Duschgel und Shampoo in Plastikflaschen und -tu-
ben können ganz einfach durch ein Seifenstück und
festes Shampoo oder eine feste Haarseife ersetzt
werden. Mittlerweile gibt es auch Conditioner und
Haarspülung als feste Variante. Die Umstellung von

Duschgel auf Seife ist superleicht. Die Auswahl ist enorm und für jeden Hauttyp ist etwas zu finden. Bei festem Shampoo oder der Haarseife gilt: Ausprobieren. Haarseife verhält sich etwas anders und schäumt oft nicht so, wie Sie es vielleicht gewöhnt sind. Essig aus der Glasflasche kann als Weichspüler im nassen Haar verwendet und ausgespült werden. Machen Sie sich keine Sorgen, der Geruch verschwindet, wenn die Haare trocken sind!

Tipp: Wenn Sie nur noch kleine Seifenstückchen haben, können Sie diese in ein Seifensäckchen stecken. So können die Seifenstücke wirklich, bis nichts mehr übrig ist, aufgebraucht werden.

Rasieren

Ob Einwegrasierer oder Rasierer mit austauschbarer Klinge – beide Varianten bestehen aus Plastik. Die umweltfreundlichste Variante ist der Rasierhobel aus Edelstahl. In der einmaligen Anschaffung ist er zwar etwas teurer, dafür sind die Rasierklingen deutlich günstiger. Durch die Langlebigkeit schont der Rasierhobel am Ende deutlich Ihren Geldbeutel.

Wattestäbchen

Für Wattestäbchen gibt es Alternativen aus Holz oder Bambus. Diese Varianten kommen ganz ohne Plastik aus. Trotzdem sind sie ein Einmalprodukt. Die umweltfreundlichste Antwort auf die herkömmlichen Wattestäbchen sind somit Ohrenreiniger aus Bambus oder Edelstahl. Diese sollten Sie aber vorsichtig benutzen, damit Sie sich damit im Ohr nicht verletzen.

Wattepads

Wattepads selbst sind natürlich nicht aus Plastik, aber in der Regel in Plastik verpackt und Einmalprodukte. Hier können Sie ganz einfach Müll und Verpackung vermeiden, indem Sie zu wiederverwertbaren Abschminkpads wechseln. Nähbegeisterte können aus alten Stoffresten auch ganz einfach ihre eigenen Wattepads nähen oder aus Wolle kleine runde Pads nähen.

Deo

Die Auswahl an plastikfreien Deos ist mittlerweile sehr groß. Ob Deocreme, festes Deo oder Deo-Stick – alle Varianten kommen ohne Plastik aus. Auch hier gilt: Ausprobieren. Jede Deoform verhält sich anders. Das eine passt vielleicht besser für Sie als das andere. Probieren Sie in Ruhe aus, was zu Ihnen und Ihrem Körper am besten passt. Stinken will niemand und es muss auch niemand auf ein Deo verzichten, nur weil er plastikfrei lebt. Vieles an plastikfreien Deos gibt es mittlerweile auch in einigen herkömmlichen Drogeriemärkten. Fündig werden Sie garantiert im Unverpacktladen oder im Biomarkt. Wenn Sie mögen, können Sie aber auch ganz schnell und simpel Ihr eigenes Deo herstellen. Das geht ganz einfach mit wenigen Mitteln und ist supergünstig. Sie benötigen eine kleine Sprühflasche, 100 ml aufgekochtes Wasser und einen gestrichenen Teelöffel Natron. Wer gerne etwas Duft hat, gibt noch ein paar Tropfen ätherisches Öl dazu. Hier eignet sich zum Beispiel Teebaumöl sehr gut. Fertig ist Ihr eigenes Deo ganz ohne Aluminium, Alkohol und Plastikverpackung.

Make-Up und Pflegeprodukte
Puder, Rouge, Lippenstift, Make-Up, Wimperntusche, Gesichtscreme, Peelings oder Bodylotion, viele dieser Produkte bekommt man schwer ohne Plastikverpackung. Die Lösung muss nicht sein, auf das Schminken zu verzichten. Umweltfreundlichere Alternativen finden Sie bei Naturkosmetikmarken.

Zwar kommen diese auch oft nicht ohne Plastikverpackung aus, aber die Produkte sind frei von Mikroplastik. Mikroplastik wird sehr viel in der Kosmetik verwendet und kommt durch das Abschminken und Duschen in unseren Abwasserkreislauf. Naturkosmetik verzichtet auf diese Zusätze, hat biologische Zutaten, oft recycelte Verpackung und ist meistens tierversuchsfrei und vegan. Wenn Sie unsicher sind, können Sie sich Apps wie "Codecheck" oder "ToxFox" runterladen. Mithilfe dieser Apps können Sie die jeweiligen Produkte scannen und Ihnen wird angezeigt, ob sich darin Mikroplastik befindet.

Wer ganz auf die Verpackung verzichten will, kann aber auch vieles an Make-Up und Pflegeprodukten selber herstellen und in Glastiegeln aufbewahren. Für die Herstellung von beispielsweise eigenem Puder, Rouge, Cremes oder Körperpeelings gibt es spezielle Ratgeber mit Rezepten. Dafür empfiehlt sich zum Beispiel das Buch von Charlotte Schüler „Do it yourself!, #Einfach plastikfrei leben: Selbstgemacht statt gekauft" mit vielen einfachen und gut umsetzbaren Rezepten.

Abschminkflüssigkeit

Als Alternative zum Abschminken kann Kokosöl auf einem wiederverwendbaren Wattepad benutzt werden. Oder Sie mischen sich Ihr Öl selber. Dafür geben Sie zum Beispiel Olivenöl mit dem gleichen Anteil an Wasser in ein kleines Fläschchen und benutzen es wie herkömmlichen Make-Up-Entferner. Sie können auch Argan-Öl verwenden oder die Rezeptur so zusammenstellen, wie Sie es für Ihren Hauttyp benötigen.

KÜCHE UND HAUSHALT

Vieles, was wir in der Küche täglich benutzen, ist aus Plastik: Das Schneidebrett, die Gewürzdosen, die Spülbürste oder die Kaffeemaschine. Oft erscheint uns die Küche wie eine Plastikflut, dabei ist eigentlich alles aus nachhaltigeren Materialien, wie zum Beispiel Holz oder Keramik, erhältlich und auch oft deutlich langlebiger. Lassen Sie sich mit der plastikfreien Umstellung in der Küche gerne etwas Zeit. Manche Dinge gehen einfacher, manche Anschaffung will gut überlegt sein. Nehmen Sie sich kleine Bereiche vor und fangen Sie Schritt für Schritt mit der

Umsetzung an. Wie in allen Bereichen gilt auch hier, erst einmal noch das verwenden, was da ist. Wenn es leer oder kaputt ist, durch ein neues, plastikfreies und umweltfreundliches Produkt ersetzen.

Leitungswasser

Dies ist wohl die einfachste Möglichkeit, wie Sie Plastik in der Küche sparen können: Leitungswasser trinken. Leitungswasser ist bei uns in Deutschland völlig unbedenklich trinkbar und sehr gut überprüft. Wasser aus Plastikflaschen muss nicht sein. Das Tragen von schweren Wasserflaschen können Sie sich sparen. Wer dennoch nicht auf Sprudel verzichten will, kann sich einen Wassersprudler zulegen. Die gibt es auch plastikfrei aus Edelstahl und mit Glasflaschen.

Bienenwachstücher

Die Frischhaltefolie in der Küche für angeschnittenes Obst und Gemüse oder Reste des Mittagessens, aber auch die Alufolie können ganz einfach durch Bienenwachstücher ersetzt werden. Frischhaltefolie und Alufolie sind Einwegprodukte und stellen nicht nur durch das Wegwerfen nach der Benutzung eine Belastung für die Umwelt dar. Insbesondere die

Produktion von Alufolie ist durch den benötigten Energieaufwand und der Verwendung von schädlichen Chemikalien sehr umweltschädlich. Die umweltfreundlicheren Alternativen der Bienenwachstücher sind mittlerweile in einer Vielzahl an Farben und Größen in verschiedensten Läden erhältlich. Sie bestehen aus Baumwolle und sind mit einer Wachsschicht überzogen. In der Regel wird Bienenwachs verwendet, es gibt aber auch vegane Alternativen aus pflanzlichem Wachs. Bienenwachstücher können zum Einpacken, Abdecken, Frischhalten und Einfrieren verwendet werden. Durch die Handwärme werden die Tücher biegsam und flexibel und können so geformt werden, wie es benötigt wird. Bis auf Fleisch (dieses können Sie einfach in einer Glasdose oder der Edelstahlbox aufbewahren) können Sie alles darin einpacken oder abdecken. Sogar das Pausenbrot für unterwegs können Sie einfach darin einwickeln und in Ihre Tasche packen. Nach dem Verwenden können die Bienenwachstücher einfach mit klarem Wasser abgewaschen und abgebürstet werden.

Beim Kauf von Bienenwachstüchern sollten Sie darauf achten, dass diese aus Biobaumwolle und

Biobienenwachs bestehen, damit sich die Rückstände von Pestiziden oder Insektiziden nicht auf Ihre Lebensmittel übertragen. In der Regel sind Sie in Bioläden und Unverpacktläden auf der richtigen Seite. Sollten Sie unsicher sein, fragen Sie nach!

Küchengeräte und -utensilien

Nehmen Sie sich Zeit und gehen in Ihrer Küche einmal in Ruhe alle Geräte und Küchenutensilien durch. Vieles davon wird Plastik enthalten oder aus Plastik bestehen, dabei gibt es für alles gute und langlebige Alternativen aus Holz, Keramik, Edelstahl. Das Schneidebrett aus Holz oder der Kochlöffel, der Schneebesen aus Edelstahl oder die Spülbürste aus natürlichen Materialien sind umweltfreundliche und robuste Mehrwegalternativen. Viele werden über Ihre Kaffeemaschine stolpern, wenn diese mit Kaffeekapseln betrieben wird. Zwar gibt es mittlerweile Kaffeekapseln aus recycelten Materialien, aber das Recyceln gestaltet sich als sehr schwierig, wodurch die meisten Kapseln immer noch aus neuen Rohstoffen hergestellt werden. Die Kapseln produzieren sehr viel Müll und bieten im Vergleich nur sehr wenig Kaffee. Dies ist auch bei kompostierbaren Kaffeekapseln der Fall. Ein Espressokocher oder eine

French Press sind gute und günstige Alternativen für eine Umstellung. Sie werden sehr schnell merken, was Sie hier an Müll und Plastik einsparen!

Nutzen Sie Ihren Rundgang durch die Küche direkt zum Aussortieren. Vieles sammelt sich im Laufe der Jahre an und wird eigentlich gar nicht benutzt. Sich von Dingen zu trennen, entlastet und schafft Luft. Was Sie nicht mehr brauchen, muss allerdings nicht im Müll landen. Verkaufen oder Verschenken Sie diese weiter. Alte und kaputte Dinge ersetzen Sie durch neue, hochwertige und umweltfreundliche Produkte. Je weniger Sie haben, desto besser kümmern Sie sich um Ihre Dinge und pflegen diese auch besser.

Aufbewahren

Vieles wird in der Küche in Plastikdosen und -boxen aufbewahrt, sei es im Kühlschrank oder im Schrank. Natürlich müssen diese nicht direkt im Müll landen, denn es ist immer noch besser, Altes zu benutzen, bis es nicht mehr funktioniert oder unansehnlich ist. Danach aber können Sie Ihre Lebensmittel oder auch andere Dinge ganz problemlos und ebenfalls luftdicht in Gläsern aufbewahren. Eignen tun sich dafür zum Beispiel Weckgläser, aber auch ganz einfach alte Marmeladengläser, Senfgläser oder Gurkengläser. So geben Sie diesen Einweggläsern direkt noch einen neuen, weiteren Nutzen, bevor diese dann ihren Weg ins Altglas finden.

Putzschwämme und Spüllappen

Putzschwämme, Spüllappen, aber auch Geschirrtücher bestehen oft aus Mikrofasern. Beim Waschen der Mikrofasertücher gelangen die Fasern und Mikroplastik in unser Abwassersystem und unsere Umwelt, da diese nicht herausgefiltert werden können. Schwämme, Lappen und Tücher gibt es aus Baumwolle und anderen natürlichen Materialien und können so als umweltfreundliche Alternative zum Reinigen in der Küche und dem Haushalt verwendet werden.

Haushaltsreiniger

Unsere Schränke platzen oft vor Putzmitteln und Chemiereinigern für die unterschiedlichsten Dinge und Probleme. Wenn man aber bedenkt, dass all diese durch ein paar wenige, einfache Hausmittel ersetzt werden können, werden chemische Putzmittel völlig unnötig und im Schrank ist auf einmal viel mehr Platz. Essig, Natron, Zitronensäure, Soda und

Kernseife sind die fünf klassischen Hausmittel, die einen festen Platz bei Ihnen im Haushalt bekommen sollten. Mit ihnen können Sie hervorragende und vor allem wirksame Reinigungsmittel herstellen. In alten Glasflaschen oder passenden Behältern abgefüllt, sparen Sie nicht nur eine Menge Plastik, sondern auch eine Menge Geld. Die fünf einfachen Hausmittel sind nämlich deutlich günstiger und können in unterschiedlichen Varianten gemischt und so zu verschiedensten Reinigungsmitteln hergestellt werden. Daneben wird nicht nur deutlich die Umwelt geschont, weil die ganzen Chemikalien nicht mehr in unseren Wasserkreislauf landen, sondern Sie tun auch etwas für Ihre Gesundheit, wenn Sie auf die einfachen Hausmittel zurückgreifen.

Eine empfehlenswerte Lektüre, die sich nur mit den fünf klassischen Hausmitteln beschäftigt, ist das Buch „Fünf Hausmittel ersetzen eine Drogerie", herausgegeben vom Ideenportal smarticular.net. In diesem Buch finden Sie über 300 Tipps, Tricks und Anwendungen und über 30 umweltschonende und günstige Rezepte mit Essig, Natron, Soda, Kernseife und Zitronensäure.

Mülltüten

Auf Mülltüten lässt sich ganz einfach verzichten. Wenn Sie plastikfreier leben möchten, dann wollen Sie natürlich auch keine Plastikmülltüten mehr kaufen. Durch eine Tüte aus Zeitungspapier, die Sie ganz einfach selber falten können, wird die Plastiktüte für die Entsorgung des Rest- und Biomülls ersetzt. So wird die Tageszeitung direkt noch upgecycelt. Eine Tüte für den Plastikmüll brauchen Sie ja nicht mehr!
☐

Mülltrennung

Trennen Sie sorgfältig Ihren Müll. Ob Restmüll, Biomüll, Glas, Papier, Wertstoffe oder elektronische Geräte, wenn diese ordentlich getrennt, sortiert und zum Recycling- oder Wertstoffhof gebracht werden, sorgen Sie dafür, dass eine Wiederverwertung stattfinden kann.

EINKAUFEN

Am einfachsten geht plastikfreies Einkaufen natürlich in einem Unverpacktladen, wo Sie Ihre Schraubgläser und Glasflaschen mitbringen. Allerdings gibt es diese meist nur in großen Städten und sind somit für viele nicht verfügbar. Hofläden von Bauernhöfen, Wochenmärkte, der Bioladen oder auch der Supermarkt bieten alle ebenfalls Alternativen, plastikfreier einzukaufen. Die Möglichkeiten sind oft da. Wichtig ist, sich vor dem Einkauf etwas vorzubereiten, was für einen plastikfreien Einkauf benötigt wird. Nach ein paar Einkäufen werden Sie merken, was Sie brauchen und das plastikfreiere Einkaufen wird zur Gewohnheit werden. Dabei haben sollten Sie immer einen Stoffbeutel oder Korb, wiederverwendbare Obst- und Gemüsenetze, einen Brotbeutel und Aufbewahrungsboxen. Stoffbeutel, Obst- und Gemüsenetze oder einen Brotbeutel können Sie übrigens auch sehr gut selber aus alten Stoffresten nähen.

Stoffbeutel oder Korb

Ein Stoffbeutel oder Korb sollte immer dabei sein. Der Griff zur Plastiktüte und auch der Griff zur Papiertüte, die zwar umweltschonender ist, aber auch Ressourcen verbraucht, muss nicht sein. Verstauen Sie einen Stoffbeutel einfach immer in Ihrer Handtasche, in Ihrer Arbeitstasche, Ihrem Rucksack oder in Ihrem Auto. So ist auch bei spontanen Einkäufen immer eine Einkaufstasche dabei. Zuhause hängen Sie sich Ihren Stoffbeutel an einem Platz auf, an dem Sie ihn nicht mehr vergessen. Oder stellen ihren Einkaufskorb beispielsweise direkt schon in den Flur neben die Tür. Oft braucht es nur ein paar Mal, bis auch die Umstellung zur Gewohnheit wird und Sie ganz selbstverständlich Ihren Korb oder Einkaufsbeutel einpacken.

Obst- und Gemüsenetze

Wiederverwendbare Obst- und Gemüsenetze, zum Beispiel aus Baumwolle, eignen sich bestens, um auch Ihr Obst und Gemüse nicht mehr in einer Plastiktüte einzupacken. Am besten liegen diese direkt schon in Ihrem Einkaufskorb oder Stoffbeutel, damit Sie daran gar nicht mehr denken müssen und diese immer parat haben. Sollten diese irgendwann Flecken haben oder sich durch Obst oder Gemüse ein wenig verfärben, können Sie die wiederverwendbaren Netze und Beutel einfach in der Waschmaschine waschen.

Aufbewahrungsboxen

Auch an der Käse- und Fleischtheke lässt sich Plastik vermeiden. Dazu eignen sich zum Beispiel Aufbewahrungsboxen aus Edelstahl oder Glas, in welchen die Verkäufer*innen Ihre Produkte abwiegen und reinlegen. Manchmal dürfen die Mitarbeiter*innen fremde Aufbewahrungsboxen nicht hinter die Theke nehmen. Dann stellen Sie diese einfach auf die Theke. Das ist in der Regel kein Problem. Sprechen Sie mit dem Personal und erzählen Sie von Ihrem Wunsch, plastikfrei einzukaufen. Oft sind diese es einfach noch nicht gewöhnt oder unsicher, wie sie sich richtig verhalten sollen. So wie Sie sich für Ihren plastikfreien Einkauf umstellen mussten, muss sich das Personal auch erst an solche Situationen gewöhnen.

Brotbeutel

Brotbeutel gibt es mittlerweile in verschiedensten Ausführungen aus Baumwolle oder Leinen. Sie eignen sich hervorragend für den Einkauf beim Bäcker oder für die Backwarenabteilung im Supermarkt. Beim Bäcker geben Sie Ihren Beutel an der Theke einfach ab und die Mitarbeiter*innen befüllen diesen. Brot und Brötchen oder andere Backwaren lassen sich im Brotbeutel sehr gut transportieren und bleiben frisch. Bei Bedarf können die Backwaren auch im Brotbeutel eingefroren werden. Auf die Verpackungstüte von Brezeln, Brötchen oder Brot können Sie ganz einfach verzichten. Für Baguetteliebhaber*innen gibt es auch dafür einen Beutel, der dann eben länger und schmaler ist. Der Brotbeutel kann wie die Obst- und Gemüsenetze ebenfalls in der Waschmaschine gewaschen werden.

Schraubgläser, Einmachgläser und Glasflaschen

Leere Einmachgläser oder Schraubgläser müssen nicht in den Glascontainer. Diese sind perfekt für Ihren Einkauf im Unverpacktladen und müssen nicht neu gekauft werden. So können Sie Nüsse, Linsen, Nudeln, Reis oder Gewürze in Ihre Behälter füllen und auf Papier und Plastik verzichten. Flüssigkeiten wie Öl oder Essig können ganz einfach in leere Glasflaschen abgefüllt werden.

Wochenmärkte, Hofläden und Bioläden

Für die Umwelt ist ein regionaler und biologischer Einkauf am besten. Leider ist in vielen Supermärkten gerade Biogemüse und Bioobst in Plastik verpackt, um von der konventionellen Ware unterschieden werden zu können. Am einfachsten geht das unverpackte Einkaufen auf dem Wochenmarkt, wo Sie das frische Gemüse direkt in Ihren Korb oder Beutel einpacken können. Auch auf Bauernhöfen mit ihren

Hofläden gestaltet sich der plastikfreie Einkauf meistens deutlich einfacher. Mit dem Einkauf auf dem Markt oder Bauernhof tragen Sie nicht nur zu einer Vermeidung des Verpackungsmülls bei, sondern unterstützen auch die Landwirtschaft vor Ort.

Zudem werden Sie deutlich saisonaler einkaufen, was der Umwelt ebenfalls zugute kommt. In Bioläden gibt es meistens auch hauptsächlich unverpacktes Gemüse und Obst. Mittlerweile bieten auch viele von ihnen Möglichkeiten zum plastikfreien Einkaufen von Nüssen, Tees, Müslis, Seifen oder Waschmittel an und stellen dadurch eine sehr gute Alternative zum Unverpacktladen dar, wenn dieser in der Nähe nicht verfügbar ist.

UNTERWEGS

Gerade unterwegs ist es nicht immer ganz leicht, auf Plastik und Verpackungen zu verzichten. Mit der Zeit bekommen Sie aber ein Gefühl dafür, welche Dinge Sie vielleicht von zuhause mitnehmen können, die es Ihnen unterwegs vereinfachen, auch dort den Alltag plastikfreier zu gestalten.

Essen und Getränke To Go

Wenn Sie oft unterwegs essen, lohnen sich Brotboxen und Behältnisse aus Edelstahl oder Glas, um Ihr Essen zu transportieren. Oft ist es gar kein großer Mehraufwand, sich morgens oder schon den Abend vorher das Essen für die Mittagspause vorzubereiten. Das spart den Gang in den Supermarkt in der Mittagspause, ist gesünder und spart nicht nur Plastik und Verpackungsmüll, sondern auch Geld. Für den Kaffee To Go am Morgen gibt es mittlerweile unzählige Becher für unterwegs. Nach ein paar Mal werden Sie merken, dass das Befüllen zuhause kein größerer Mehraufwand ist, als den Einwegbecher beim Bäcker zu holen. Zudem lohnen sich Edelstahlflaschen für Milchshakes oder Fruchtsäfte, die Sie sich meistens problemlos auch einfach in Ihren eigenen Behälter einfüllen lassen können.

Papiertüten

Auch Papiertüten haben zum Teil einen Überzug aus Plastik oder sind verklebt. Selbst wenn Sie keinen Plastikanteil haben, verschwenden Papiertüten wichtige Ressourcen und werden oft nur einmal verwendet. Deshalb haben Sie einfach immer einen Stoffbeutel in Ihrer Tasche, dann können Sie einfach diesen verwenden.

Strohhalm aus Edelstahl

Auch unterwegs müssen Sie nicht auf den Strohhalm im Cocktail, Milchshake oder Fruchtsaft verzichten. Geben Sie bei der Bestellung in der Bar oder To Go einfach Bescheid, dass Sie keinen Strohhalm möchten. Dann können Sie Ihren eingepackten Edelstahlstrohhalm verwenden. Oft sind die Kellner*innen und Bar- oder Restaurantbetreiber*innen auch so nett und spülen Ihren Strohhalm nach Gebrauch direkt mit.

Kassenzettel

Es ist nicht immer möglich, auf den Kassenzettel zu verzichten. Da er aber aus Thermopapier besteht und dadurch eine Beschichtung aus BPA oder anderen Kunststoffen hat, müssen Kassenbons auch dementsprechend entsorgt werden. Sie gehören nämlich nicht, wie viele denken, in den Papiermüll, sondern in den Restmüll.

Badartikel im Hotel

In vielen Hotelbadezimmern stehen Kosmetikartikel zur Einmalbenutzung für die Gäste bereit. Packen Sie Ihre eigenen Kosmetikartikel ein. Das spart ordentlich an Verpackungsmitteln und Sie können sicher sein, dass kein Mikroplastik ins Abwasser gelangt.

KLEIDUNG UND SCHUHE

Wir sind uns gar nicht bewusst, dass wir Plastik auch oft täglich direkt an unserem Körper tragen. Aus synthetischen Fasern, wie zum Beispiel Polyamid, Polyethylen, Elastan, Nylon oder Polyester, wird Kleidung aus neu entwickelten Stoffen hergestellt. Meist werden diese Stoffe für Kleidung aus dem Sport- und Outdoorbereich benutzt, aber auch für Unterwäsche, Textilien für Autos oder Vliesstoffe. Diese Stoffe sind elastisch, machen keine Falten oder können Feuchtigkeit sehr gut regulieren. Doch diese Plastiktextilien bringen leider auch große Nachteile mit sich. Denn bei jedem Waschgang lösen sich je nach Stoffart zwischen 130.000 bis 730.000 winzige Mikro- und Plastikteilchen. Textilien und Kleidung aus synthetischen Stoffen tragen somit maßgeblich zur Verunreinigung unseres Wassers durch diese vielen kleinen herausgelösten Kunststoffpartikeln bei. Und selbst durch den Abrieb unserer Schuhe gelangt Mikroplastik in den natürlichen Kreislauf, wenn dies vom Regen weggespült wird.

Achten Sie beim Kauf neuer Kleidung, dass diese aus Naturfasern besteht. Baumwolle ist eine gute Alternative zu Kunstfasern und sollte am besten bio-zertifiziert sein, damit die Baumwolle nicht mit Pestiziden behandelt wurde. Auf pflanzliche Naturfasern, wie zum Beispiel Bambus, Leinen oder Hanf, oder tierische Fasern, wie Seide und Wolle, können Sie ebenfalls zurückgreifen. Synthetische Funktionskleidung lässt sich zum Beispiel sehr gut durch Kleidung aus Merinoschafwolle ersetzen. Diese ist leicht, fängt nicht an zu stinken und trägt sich angenehm auf der Haut. Statt der Plastikregenjacke können Sie auf eine Wachsjacke zurückgreifen. Ob nun Kleidung oder die Bettwäsche und Handtücher, achten Sie beim Kauf darauf, aus welchem Material dies besteht. Billige Textilien sind in der Regel immer aus synthetischen Fasern, denn nur so können die großen Textilkonzerne diese überhaupt produzieren. Es lohnt sich, im Vorfeld einen Überblick zu schaffen, in welchen Geschäften es Kleidung mit Naturfasern gibt. Mittlerweile gibt es in vielen Städten Läden, die sich auf biologisch und fair hergestellte Kleidung spezialisiert haben. Viele der dort angebotenen Labels verwenden Naturfasern und stellen umweltfreundliche und unbedenkliche Kleidungsstücke und Textilien her. Das gleiche Prinzip gilt für Schuhe. Je billiger sie sind, desto schlechter ist das Material und beinhaltet mit großer Wahrscheinlichkeit auch umso mehr Plastik- und Kunststoffpartikel. Achten Sie beim Schuhkauf zum Beispiel auf Sohlen aus Naturkautschuk. So gelingt durch den Abrieb der Schuhe kein Mikroplastik in die Umwelt.

Natürlich macht es keinen Sinn, wenn Sie jetzt all diese Kleidungsstücke aussortieren und wegwerfen. Es gibt spezielle Waschsäcke, die verhindern, dass die Fasern und Mikroteilchen beispielsweise von Fleecekleidung in den Wasserkreislauf gelangen. Packen Sie also synthetische Kleidung das nächste Mal in solch einen Waschsack. Beim Waschmittel können Sie darauf achten, dass Sie Biowaschmittel kaufen. Denn selbst dem Waschmittel wird zum Teil Mikroplastik zugefügt, was mit jedem Waschgang in unsere Umwelt gelangt. Waschnüsse stellen ebenfalls eine Alternative dar. Diese sind bei uns allerdings nicht heimisch und haben einen langen Weg hinter sich, um zu uns zu gelangen.

Außerdem waschen damit Einheimische in den Anbaugebieten und je mehr nach Europa exportiert wird, desto teurer wird es auch für die Menschen vor Ort werden.

Deshalb ist es besser, Sie greifen auf die heimische Variante zurück, die Kastanie. Diese enthält genauso wie die Waschnuss natürliche Saponine, mit denen Sie Ihre Kleidung waschen können. Das Beste daran ist, dass diese Variante völlig kostenlos ist. Im Herbst können Sie einen großen Vorrat an Kastanien anlegen, diesen trocknen und zerkleinern. Entweder einen Sud aus dem Kastanienpulver herstellen oder es in ein Säckchen direkt in die Waschtrommel mit reingeben. Die Wäsche riecht neutral und das Kastanienpulver kann sogar auf dem Kompost oder dem Biomüll entsorgt werden. Plastikfreier und umweltfreundlicher können Sie nicht waschen!

GESCHENKE UND FESTE

Weihnachten, Ostern, Geburtstage, Fasnacht oder Halloween – wir feiern gerne das ganze Jahr über Feste. Mit Dekoration, Geschenkverpackungen, Geschenke überhaupt, Verkleidungen und

Partygeschirr sind diese Feierlichkeiten nicht nur eine große Materialschlacht, sondern produzieren auch eine Menge Müll. Vieles davon aus Plastik. Dabei kann man auch hier sehr gut auf Plastikartikel verzichten und weniger Abfall verursachen.

Geschenkpapier

Viele der herkömmlichen Geschenkpapiere sind beschichtet. Geschenke werden damit eingepackt, auseinandergerissen und das Papier mit samt seinen Kunststoffen landet im Müll. Kaufen Sie hochwertiges und unbeschichtetes Geschenkpapier. Mittlerweile gibt es auch recyceltes Geschenkpapier. Geschenke lassen sich aber auch ganz wunderbar in Stoff einpacken. Zum Beispiel in ein schönes Tuch oder Trockentuch für die Küche. So ist die Verpackung auch gleich schon wieder Geschenk. Kreative können die Geschenke auch in Zeitungspapier einpacken und selbst gestalten, indem es beklebt oder bemalt wird. Alte Zeitschriften, Poster oder Kalender eigenen sich übrigens auch ganz hervorragend zum Verpacken.

Wenn Sie selber Geschenke auspacken, packen Sie diese sorgfältig aus und bewahren das Geschenkpapier auf. Mit der Zeit hat sich ein vielfältiges

Reservoir angesammelt, auf das Sie zurückgreifen können. Dann müssen Sie gar nicht erst neues Geschenkpapier kaufen. Die Enden mit Rissen oder Kleberesten können Sie einfach wegschneiden. Wenn Sie es knitterfrei möchten, bügeln Sie über das Papier nochmal drüber oder legen es unter einen schweren Bücherstapel.

Wunschzettel

Bei Kindern findet man die Wunschzettel noch, aber Erwachsene schreiben keine mehr. Dabei ist das eigentlich sehr schade, denn Wunschzettel vermeiden einiges an Müll. Oft werden Geschenke planlos gekauft und nur um des Schenkenwillens. Der Schenkende ist im Stress, ein einigermaßen passendes Geschenk zu finden, der Beschenkte ist mitunter enttäuscht und am Ende steht wieder etwas mehr zuhause rum, was eigentlich gar nicht gebraucht wird oder landet im schlimmsten Falle im Müll. Wunschzettel machen alle Beteiligten eigentlich nur zufrieden, sorgen für einen gezielteren Einkauf statt sinnlosem Shoppingwahn und produziert am Ende weniger Müll. Wenn Sie das Buch fertig gelesen haben, fällt Ihnen sicher etwas ein, was Sie auf Ihren nächsten Wunschzettel schreiben können. Darauf kann man dann auch wunderbar schreiben, dass das Geschenk zum Beispiel unverpackt sein soll.

Partygeschirr

Das Grillfest draußen am See oder die Geburtstagsparty mit vielen Gästen – da ist Einweggeschirr natürlich bequem. Die Gäste benutzen es, werfen es anschließend in den Müll und es ist schnell aufgeräumt. Ob Strohhalm, Becher, Teller oder Besteck, meistens ist alles aus Plastik. Es wird nur wenige Minuten einmal benutzt und produziert enorm viel Müll. Dabei können Sie ganz einfach auf vieles davon aus Papier zurückgreifen. Hier aber ebenfalls darauf achten, dass die Alternativen nicht beschichtet sind. Das ist bei Papptellern oft der Fall. Noch besser ist Einweggeschirr aus Bambus. Bambus ist ein natürlicher Rohstoff, der schnell nachwächst. Auch wenn es mehr Arbeit ist, die beste und umweltfreundlichste Alternative ist richtiges Geschirr und Besteck zu benutzen. Einweggeschirr, ob ökologisch oder nicht, wird eben nur einmal benutzt und kommt dann weg. Wenn man sich überlegt, wie viel Energie es braucht, all das herzustellen, was nach wenigen Minuten im Müll landet, macht es keinen Sinn. Und wenn es doch mal ein größeres Grillfest wird? Schreiben Sie doch einfach auf die Einladung, dass jeder einen Teller, ein Glas und Besteck mitbringen soll. Das ist für die Gäste kein Mehraufwand, erleichtert Ihnen das Vorbereiten und Aufräumen und die Umwelt freut sich ebenfalls.

Dekoration

Die passende Dekoration darf bei einem Fest natürlich nicht fehlen und Sie werden sehen, dass Sie dabei auch ganz ohne Plastikaccessoires auskommen können. Vieles muss auch gar nicht neu gekauft werden. Fragen Sie doch mal in Ihrem Bekanntenkreis nach oder leihen Sie etwas aus. Girlanden können zum Beispiel durch gekaufte, aber auch durch ganz leicht selbst gemachte Wimpelgirlanden ersetzt werden. Aus altem Karton, Poster, Zeitschriften oder der Zeitung können Sie ganz einfach Ihre eigene upgecycelte Wimpelgirlande basteln. Wenn Sie gerne nähen, können Sie alte Stoffreste oder T-Shirts wunderbar benutzen, um eine Girlande zu nähen. Vieles findet sich zum Dekorieren auch in der Natur. Je nach Jahreszeit können Sie verschiedenste Naturmaterialien sammeln. Getrocknete Wildblumen oder Blätter an einer Leine aufgereiht sehen ebenfalls sehr schön aus und machen Ihre Dekoration zu etwas Besonderem. Alte Einmachgläser können bemalt werden oder ganz schlicht mit einem schönen Band drumherum zu einem Teelicht umfunktioniert werden. Werden Sie kreativ! Schauen Sie sich zuhause um und überlegen Sie, was Sie umfunktionieren können. Sie werden schnell merken, dass Sie eigentlich gar nichts Neues brauchen.

KINDER

Die Gesundheit unserer Kinder ist uns am allerwichtigsten. Gerade deshalb lohnt es sich, das Thema Plastik auch im Kinderzimmer und im Alltag der Kinder anzuschauen. Denn auch hier versteckt sich oftmals viel zu viel Plastik, mit Auswirkungen auf deren Gesundheit. Um Kinder für das Thema Nachhaltigkeit zu sensibilisieren, kann man nicht früh genug anfangen. Zum einen ist es das, was Sie als Eltern aktiv vorleben. Zum anderen können Sie Ihre Kinder, natürlich je nach Alter, in den Prozess mit einbinden. So lernen auch schon die Kleinsten von früh auf, dass es auch ohne Plastik geht.

Windeln

Knapp 5.000 Windeln benötigt ein Baby in den ersten drei Lebensjahren. Sind das alles Einwegwindeln, wird eine Menge Müll produziert. Denn wie der Name schon sagt, können Einwegwindeln nicht wiederverwertet, sprich recycelt werden. Gelangt solch eine Windel in unsere Ozeane, braucht sie an die 450 Jahre, bis diese zersetzt ist. Hinzu kommt, dass viele Einwegwindeln mit Schadstoffen, Klebestoffen, Duftstoffen und zum Teil auch schädlichen Chemikalien belastet sind. Wenn man sich diese Fakten durchliest, möchte man eigentlich nicht mehr, dass das eigene Kind den ganzen Tag solch eine Windel trägt. Alternativen, wie zum Beispiel die Stoffwindel, waren früher einmal völlig normal. Langsam kommen sie wieder zurück. Es benötigt zwar einen höheren Zeitaufwand durch das Waschen, zahlt sich am Ende aber aus. Mittlerweile gibt es auch atmungsaktive Wickelsysteme, die einen Hitzestau unterbinden oder Windelhöschen aus Baumwolle. Diese haben Stoffeinlagen, die waschbar sind.

Kinderzimmer

Viele Spielsachen für Kinder sind aus Plastik und das fängt oft schon bei den Babys an. Setzen Sie auf plastikfreie Alternativen! Denn was Sie sich bewusst machen sollten, dass gerade Spielsachen aus Weichplastik oft Weichmacher beinhalten. Oft finden sich darunter Phtalat-Weichmacher, die sehr bedenklich sind und vor denen gewarnt wird. Studien haben gezeigt, dass jedes fünfte Spielzeug aus diesem Material höhere Werte an diesen schädlichen Weichmachern hat, als es gesetzlich zugelassen ist. Besonders auffällige Werte finden sich oft in Puppen aus Plastik, Wasserspielzeugen wie Bälle oder Figuren, die aufgeblasen werden müssen, oder in den beliebten Enten für die Badewanne. Das Umweltbundesamt konnte im Urin von Kindern eine hohe Konzentration an besorgniserregenden Weichmachern nachweisen. Plastikspielzeug ist nicht nur umweltschädlich, sondern schadet auch der Gesundheit Ihres Kindes. Für viele Spielsachen gibt es sehr schöne, umweltfreundliche und fair produzierte Alternativen aus Holz, Filz oder Bio-Stoffen. In der Regel sind diese auch oft deutlich langlebiger als die Spielzeuge aus Plastik.

Nicht nur beim Spielzeug sollte auf plastikfreie Materialien zurückgegriffen werden, sondern auch in der Spielumgebung der Kinder sollten Sie diese vor Plastik schützen. An was dabei oft nicht gedacht wird, sind die Fußböden und die Wände des Kinderzimmers. Vor allem die Kleinkinder verbringen viel Zeit mit Spielen und Entdecken auf dem Fußboden. Deshalb sollten Sie darauf achten, dass dieser beziehungsweise der Belag nicht aus Plastik ist. Teppichböden sind eine gute Alternative, wenn sie aus Naturmaterialien, wie zum Beispiel Berber oder Sisal, sind. Ebenfalls eignen sich Kork für den Boden sowie Parkett oder Dielen aus Holz. Achten Sie bei dem Kauf auf heimische Hölzer, die das FSC-Siegel haben. Diese sind schadstoffarmer als das Fertigparkett und die Umweltbilanz durch die Produktion in Deutschland deutlich besser. Wenn das Kinderzimmer neu gestrichen werden soll, verzichten Sie auf die herkömmlichen Wandfarben. Diese enthalten oftmals Schadstoffe, die dann in die Luft entweichen. Damit Kinder diese Schadstoffe nicht einatmen müssen, gibt es Alternativen an Dispersions- und Naturfarben auf pflanzlicher Basis. Zudem sind Wandfarben ohne Lösungsmittel auch ohne Mikroplastik. Gute Möglichkeiten zum Streichen des Kinderzimmers sind ebenfalls Leimfarben und Kaseinfarben.

Setzen Sie bei Spielzeug, Möbeln, Teppichen und

Wänden vermehrt auf Naturmaterialien, so verbessern Sie maßgeblich das Raumklima des Zimmers Ihres Kindes.

Multifunktionalität

Kinder wachsen schnell. Oft so schnell, dass manches Spielzeug oder manche Möbel schnell nicht mehr benutzt werden oder nicht mehr passen. Schauen Sie sich zum Beispiel nach Möbeln um, die Sie auch für andere Zwecke umwandeln können. So ist das Babybett, das mitwachsen kann, zunächst in der Anschaffung vielleicht etwas teurer, aber es wächst eben mit. Bedeutet, es hält länger und Sie brauchen nicht etwas Neues kaufen. Denken Sie in diese Richtung weiter. Ist der Wickeltisch beispielsweise nur Wickeltisch oder kann man ihn irgendwann zu einer Kommode umbauen? Kann aus dem Spieltisch vielleicht irgendwann ein Schreibtisch werden? Mittlerweile gibt es viele multifunktionale Möbel und Dinge für das Kinderzimmer. So können diese auch mit verschiedenen Altersabschnitten immer noch benutzt werden. Das Gleiche gilt für Spielzeug. Naturbelassene Spielsachen, die nicht eine primäre Benutzung vorgeben, regen nicht nur die Phantasie der Kinder an, sondern verlieren auch mit dem Älterwerden nicht den Reiz.

Kindergarten und Schule

Hier gilt das Gleiche wie für die Erwachsenen, die ihr Essen unterwegs mitnehmen: Trinkflaschen und Brotdosen aus Edelstahl einpacken und das Pausenbrot zu Hause vorbereiten und nicht beim Bäcker oder Supermarkt einkaufen. Glasdosen und Glasflaschen eher für ältere Schulkinder verwenden, da diese oft etwas schwerer und zerbrechlicher sind.

Mit der Schule kommen Schulhefte, Ordner und das Einbinden der Schulbücher. Schnell ist der ganze Schulranzen voll von Plastik. Zum Glück gibt es schon lange genug Alternativen aus Papier und stabilem Karton. Bücher müssen nicht in Schutzfolien aus Plastik eingebunden werden. Altes Geschenkpapier oder Zeitungen eignen sich ebenfalls und können von den Kindern noch selbst bemalt oder beklebt werden. Die Schulbücher sind dann individuell gestaltet und die Kinder werden direkt sensibilisiert, Materialien nochmals kreativ weiter zu verwerten.

Lineale und Spitzer aus Plastik können ganz einfach gegen Varianten aus Holz und Metall getauscht werden. Der Radiergummi ist eine kleine Falle, an die man oft nicht denkt. Aber auch hier gibt es plastikfreie Alternativen. Diese sind aus Naturkautschuk. Achten Sie ansonsten beim Kauf darauf, dass der Radiergummi mit „PVC-frei" beschriftet ist. Buntstifte und Bleistifte am besten aus unlackiertem Holz kaufen. Filzstifte sind bei Kindern sehr beliebt, aber immer aus Plastik. Wenn Sie darauf nicht verzichten wollen, setzen Sie auf nachfüllbare Produkte. Diese kann man nämlich mit Wasser nachfüllen, sobald die Farbe leer ist. Das Gleiche gilt für Textmarker. Hier gibt es inzwischen trockene Alternativen aus Holz, die aber ebenso leuchten. Ansonsten auch hier wie bei den Filzstiften auf die nachfüllbare Variante zurückgreifen, damit diese nicht immer neu gekauft und weggeworfen werden müssen.

WEITERDENKEN

Je länger Sie sich mit plastikfreiem Leben und Plastikvermeidung beschäftigen, desto schneller werden Sie merken, dass Sie auch in vielen anderen Bereichen anfangen werden, sich mit einem nachhaltigeren Umgang mit Ressourcen, mit einer umweltfreundlicheren Lebensweise oder einem bewussteren Konsumverhalten zu beschäftigen. Die Papiertüte beim Bäcker? Brauchen Sie nicht mehr. Sie verursacht ebenfalls nur Müll und Ihre wiederverwendbaren Beutel aus Stoff haben Sie sowieso dabei. Vielleicht wechseln Sie zu einer grünen Bank oder einem nachhaltigen Stromanbieter, benutzen öfter das Fahrrad, Carsharingangebote oder kaufen vermehrt ökologisch fair hergestellte Kleidung. Auch ein „Bitte keine Werbung"-Aufkleber am Briefkasten vermeidet zum Beispiel unnötigen Müll, indem die wöchentliche Papierflut nicht mehr im Briefkasten landet. In vielen Städten und Gemeinden gibt es mehrmals im Jahr Clean-Up Aktionen. Umweltbewusste Menschen treffen sich in Parks, an Flüssen oder Seen, um gemeinsam Müll zu sammeln. Bei solchen Aktionen tun Sie nicht nur für Ihren Wohnort und die Umwelt etwas Gutes, sondern Sie treffen auch Gleichgesinnte, mit denen Sie sich austauschen können. Ob Tauschbörsen, Repair Cafés, Flohmarkt oder die Biokiste von meinem Landwirt aus der Region – Sie werden merken, wie sich durch Ihr plastikfreies Leben Ihr Bewusstsein auch für viele andere Dinge verändern wird und dass Umweltschutz und Nachhaltigkeit gar nicht so schwer ist, sondern eigentlich sogar sehr viel Spaß macht! Lassen Sie sich nicht davon aufhalten, die Welt ein Stückchen grüner zu machen!

Herstellung und Verlag:
BoD – Books on Demand, Norderstedt
ISBN: 9783751958288

© Felia Blumenberg 2020
1. Auflage
Kontakt: Psiana eCom UG/ Berumer Str. 44/ 26844 Jemgum
Covergestaltung: Fenna Larsson
Coverfoto: depositphotos.com